奇趣香港史探案 01

古代時期

周蜜蜜 著

中華書局

奇趣香港偵探團登場

我是華港傑，中學一年級生，偵探小說迷，對香港歷史有強烈的興趣。

我是妹妹華港秀，小學四年級，最喜歡扮演歷史人物，看我的表演吧！

華港傑

華港秀

我是阿傑的同學馬多東，愛問東問西，外號乜東東。

馬多東

目錄

圖說香港大事

偵探
案件1

大嶼山魚人之謎

這一個星期天，陽光普照，萬里無雲，天氣非常之好。

華港傑、華港秀兄妹倆一早起來，跟着爺爺華偉忠到公園晨運。

他們走着走着，遇上了爺爺的老朋友、住在同一個屋苑內的明啟思教授，兩位老人便一起到草坪上打起太極拳來。

華港傑和華港秀走上旁邊的跑步徑，正要開跑，明教授的外孫、華港傑的同班同學馬冬東驚慌失色地跑過來，氣喘吁吁地說道：

「哎呀呀，不得了！不得了！有魚人怪物在大嶼山出現呢！」

華港傑和華港秀聽了，都大吃一驚。

華港傑說：

「乜東東，你究竟在說甚麼？可不可以把話講清楚一些？」

馬冬東定了定神，說：

「是這樣的，有人在我們的校報上，華港傑你主持的《香港古今奇案問答信箱》專欄裏提出一個非常奇怪又嚇人的問題，說甚麼聽聞大嶼山曾經有魚人出現過，問這是不是真的呢？」

「甚麼？嚇死我了！這是不是真的啊？大嶼山真的會有魚人出沒？」

華港秀瞪大眼睛，跳了起來。

「就是啊！那問題究竟是不是真的？阿傑，你準備在信箱怎樣回答？」

馬冬東拉着華港傑的手，大力搖着說。

華港傑鎮定下來，若有所思地說：

「嗯，我想起來了，那好像是香港古時的一個傳說吧。查案就要從現場開始！我們不如去大嶼山實地偵查一下吧。」

華港秀跟馬冬東大力擊掌，兩人一起說：

「好！即刻出發！」。

華港傑制止道：

「且慢！我們還是先向爺爺和你的公公明教授請教一下。」

這時，華爺爺和明教授剛好打完了太極拳，華港傑提出了大嶼山是否有魚人出現過的問題。

華爺爺説：

「哦，那是很古老的一個大嶼山傳説。據説以前大嶼山叫做大魚或者大漁。」

明教授説：

「不錯，直到清朝道光年間，官方才定名為大嶼山的。」

馬冬東説：

「那裏有魚人，為甚麼不叫魚人山？」

華港秀説：

「乜東東，你講的很白痴，魚人當然是在海裏，怎麼會在山上！」

華港傑又問：

「明教授，大嶼山的魚人傳說是怎麼來的？」

明教授説：

「這和遠古的中國魚人幻想神話有所相似。有古書記載，漁民所見的海人魚，外形像人一樣，而且擁有美麗女子的五官和手足，膚色白得猶如美玉，頭髮就像馬尾。」

華港秀説：

「哎呀，那就是像安徒生童話的美人魚那樣呢。」

華爺爺説：

「是有點像。但是大嶼山魚人的傳説故事，曾經被當地人叫做**盧亭魚人**。」

馬冬東一聽，馬上笑着説：

「哈！盧亭魚人？這名好古怪，乜東東來的呀？」

華爺爺説：

「盧亭，是大嶼山最早最古老的一個名稱。傳説有人在那裏捉過一條女性的盧亭魚人，她有黃色的頭髮和黃色的眼睛，面部黃、黑兩色相雜，只是會笑，不會説話。」

華港秀説：

「這是黃種人的美人魚呢。」

馬冬東又問：

「那她有沒有愛上王子呀？」

華港傑打斷道：

「乜東東，你別提這樣白癡的問題啦，香港沒有王國，哪裏來的王子？明教授，盧亭魚人的傳說，其實有些甚麼考證和根據呢？」

按照歷史的記載，在東晉曾經有一個叫做盧循的起義軍首領，失敗之後，有一些部下流落到大嶼山，住在海邊的洞穴，靠每日打漁為生，長年累月，身上長出魚鱗，變成傳說中半人半魚的妖怪。但另一方面，大嶼山魚人幻想的形象來源，也很可能就是養珠場內的潛水採珠女。

華港傑説：

「採珠女？很有趣啊。明教授，我還很想向您請教，開天闢地，最早期的香港人是在哪裏生活的？」

明教授説：「傑仔，你很有探索精神啊！就我所知，根據專家的考證，香港早在最後一個冰河時期，也就是舊石器時代，就已經有人在西貢生活了。」

華偉忠説：「對，那時的維多利亞港的海面比現在低約莫 100 公尺。」

馬冬東説：「那樣低的水位，會有些甚麼船可以在那裏航行的呢？」

明教授説：「傻豬，那時香港只是河谷和沼澤，根本不可能行船的。」

華港傑説：

「乜東東，你提的問題好傻呀。爺爺、明教授，我們可以一起去西貢和大嶼山實地偵察一下嗎？我想從今天開始，對香港今昔的歷史，就像偵探查案那樣，到實地環境去詳細地考察、考察。」

華爺爺和明教授笑笑説：

「當然可以啦。」

華港傑向馬冬東説：

「我們要把調查結果刊登在專欄裏，你別顧着玩啊！」

馬冬東説：

「知道了。」

説完以後，他們馬上起行，一齊向着目的地出發了。

圖說香港大事——
石器時代

香港的人類活動，或可追溯至 3.9 萬至 3.5 萬年前，當時仍處於冰河時期，海平面比現在低 100 公尺，現在的維多利亞港，在那時代可能還是沼澤和河谷。

屯門

約公元前 4000 年至公元前 1500 年，香港地區已有先民聚居。例如在屯門一帶便有石器出土。

大嶼山

榕樹

石壁

在西貢黃地峒一帶，發現相信是舊石器時代晚期（即公元前 39000 年至公元前 35000年）的一個石器製造遺址，但遺址的年代存在爭議，未有定論。

黃地峒

約公元前 2000 年至公元前 1000 年，香港一帶初期受東南沿海的原始文化影響，後來從中原傳入青銅文化，例如大嶼山、南丫島等地便發現了青銅時代的文物。

南丫島

偵探
案件2

大埔採珠女離奇命案

　　這天放學以後，馬冬東和華港傑、華港秀兩兄妹一起，到屋苑內的泳池游泳。

　　馬冬東說：

　　「喂，你知道嗎？阿傑，你的信箱又收到新的讀者來信，提出新的問題了！」

　　華港傑說：

　　「我知道，頭一個問題就是問關於採珠女潛水的問題。我想怎麼這樣巧呢？上次我們剛剛去過大嶼山實地偵察，又聽到明教授提起了古時候香港採珠女潛水採集珍珠的事情，沒想到現在這麼快就有人提出這個問題來……」

馬冬東臉一紅，説：

「你這麼精明，一下子就猜出來了。好吧，我坦白，這個問題其實是我提出的。」

華港傑説：

「我就知道，你心思思，想要去大埔實地考察一下採珠女的事情──」

他的話還沒有説完，馬冬東就一拍大腿説：

「不如這樣好了，我們先來一個比賽！」

華港秀很感興趣地問：

「甚麼比賽啊？」

馬冬東説：

「比一比在水中潛浮閉氣，看誰支撐得時間最長！」

華港傑瞪眼説：

「乜東東，真有你的，這是哪一種比賽？為甚麼要這樣做？」

馬冬東説：

「這是我們為了要親身體驗一下，採珠女潛水工作的艱辛而比試比試啦。」

華港傑搖頭苦笑説：

「乜東東，你這個無厘頭的搞笑家伙，真虧你想得出來！」

華港秀熱情地響應道：

「好，我來做評判！一、二、三，開始！」

馬冬東潛入水中一陣子，終於堅持不住，比華港傑先浮上了水面，大叫：

「啊呀！不能吸氣，太辛苦，受不

了！」

華港傑也從水中浮上來説：

「所以，你不能不佩服那些古時候的採珠女啦！」

華港秀急忙説：

「快到大埔去實地考察採珠女的故事吧，一定很有趣，我也要去！」

好不容易等到週末，華港傑請爺爺和明教授帶領他們去實地考察。

華爺爺説：

「香港古時候，採珠女最集中活動的地方，應該是在大埔的沿海一帶。」

華港傑説：

「嗯，爺爺，我從網上查到的資料，也提到香港大埔的珍珠自古以來就很出名。」

馬冬東急不可待地説：

「好啊，大埔，我們馬上就過去看個究竟！」

大家都笑了，一齊坐上地鐵，再轉乘火車，向着大埔進發。

「爺爺，大埔是一個怎麼樣的地方？」

坐在火車上，從來沒有去過大埔的華港秀興致勃勃地問。

華爺爺説：

「從地圖上看，香港由深圳河分隔，陸地部分有如菱形狀，三面環水，灣岸特別多。其中新界的東部最寬廣的內港，以前叫做大步海，就是現在的大埔吐露港。

那裏水深而且寬闊，水源出自附近的多條河川，包括沙田城門河、大埔林村等等。」

說着，火車就到了大埔站。他們乘小巴，直奔吐露港。

面對着眼前一大片蔚藍色的吐露港，明教授說：

「這吐露港屬於灣中成港，水面平靜，岸頭曲折，造成水流迂迴多轉。這種獨特的天然內港生態，特別適合螺、蜆、蚌、蠔的生長。其中珍珠螺會產生珍珠。」

馬冬東興奮地說：

「真的啊！這裏竟然也會有珍珠！」

華港秀說：

「當然啦，香港不是有**東方之珠**的美稱嗎？這是名副其實的啊！」

華爺爺說：

「不錯，這都是有根有據的。要知道，珍珠乳白圓潤，多用作首飾。另外還有藥效，可以清熱明目、安神定驚、養顏護膚，古時候上好的珍珠，都會送入宮廷做貢品的。香港珍珠產品的質量，就曾經同廣西合浦珍珠一樣有名。由於珍珠業發達，大埔海有古稱叫做『大步』和『媚珠池』，當地漁民就叫這裏做珍珠江。」

馬冬東說：

「嘩！珍珠江，好利害啊！珍珠這麼好，我都想要多多的！但是怎樣才能得到呢？」

明教授說：

「冬東，你知道嗎，採集珍珠的工作，並不是很簡單的。大埔這裏的珍珠業之所以發達，除了產生蚌珠的蚌本身夠健康之外，還有這裏的大埔珍珠養殖人，具有強悍的不畏死精神，因為蚌是活在深海裏的，所以，採集珍珠要冒着極大的生命危險。」

馬冬東問：

「採集珍珠真的有這麼危險嗎？」

明教授指着大海説：

「古時的採珠人用繩繫石綁腳，再跳入海中，深潛到 500 尺深的海水裏採珠，因此有不少採珠人溺死。不時會看到水面突然一片通紅，那就是採珠人被鯊魚咬死而

流出來的血液。」

華港秀打了個寒戰說：

「那很可怕呀。」

華爺爺說：

「雖然是這樣，為了生活，大埔有不少女孩子冒險採珍珠，出生入死，潛水採珍珠，甚至被誤認為是美人魚呢。」

華港秀說：

「我真佩服她們！」

華港傑問明教授：

「大埔珍珠業的最發達時期，是哪一個朝代呢？」

29

大約是五代十國時期，一直延續到宋朝吧。其實大埔的採珠業，直至元朝、明朝依然很出名。由於珍珠很名貴，引起元朝統治者掠奪之心，不斷派人到大埔來監視採珠，如果收穫不多或者採珠人缺席，就會嚴懲重罰，以致民不聊生，結果過度開採，令採珠業逐步走向衰亡。到了明朝，逐漸把蚌珠採盡了，最後朝廷宣布大埔再無蚌珠出產，決定放棄。

「原來是這樣，那真可惜了。」

華港傑有感而發。

馬冬東問：

「阿傑，我們就在專欄把採珠人的辛酸

都寫進去，你說好不好？」

華港傑和華港秀齊聲說：

「好啊！」

香港古今奇案

問答信箱

奇案1

香港名為東方之珠，是否真的出產過珍珠？珍珠是怎樣採集的呢？

香港的大埔，因為灣岸特別多，形成獨特的天然內港生態，所以曾經盛產珠蚌，在古代遠近馳名。從南漢時期至元朝都很興旺，直至明朝中葉，才日漸式微。

根據宋朝時修撰的《宋會要》記載，採珠人都是用繩子一頭綁在石上，一頭綁在腳上，然後潛入海水中採集珍珠，幾乎每日都有人遇溺而死。

明朝綜合性科學著作《天工開物》的一幅「沒水採珠船」圖，圖中採珠人頭部戴上布罩，嘴裏的呼吸管一端露出水面，幫助呼吸。

奇案2 大嶼山真的有「魚人」嗎？

　　大嶼山出沒的「魚人」，很可能是東晉時起義失敗後逃到大嶼山一帶的士兵，他們藏匿在海邊的洞穴，與人隔絕，時日久了，便被流傳為半人半魚的妖怪，稱為「盧亭魚人」。而「魚人」的另一個來源，可能就是根據採珠女形象幻想出來的。

根據這些線索，你能畫出自己心目中的魚人嗎？試試在下方畫一畫吧！

偵探
案件3

天后娘娘化海難奇案

「天后娘娘，天后娘娘，請你發發慈悲，保佑保佑我們大家，化海難，得平安啊！」

馬冬東突然跪倒在華港秀前面，口中唸唸有詞。

華港秀看見他那滑稽的模樣，強忍住笑，雙手合十，說：

「愚民乜東東，看在你誠心求拜的份上，我就一發神力，免你死難吧！」

接着，二人就笑成一團。

華港傑在旁看着，哭笑不得，說：

「喂，乜東東，你和秀秀在搞些乜東東，莫非是要合演甚麼鬧劇嗎？」

馬冬東雙手叉腰，擺出一副高不可攀的姿勢，撇撇嘴說：

「大膽刁民，不得胡説！我是大慈大悲，專門庇護漁民、消災解難的天后，難道你看不出來嗎？」

華港傑搖搖頭説：

「這是怎麼講呀！你才是胡説八道呢，乜東東，小秀秀，你們的演技都不怎麼樣嘛，扮演的角色實在差得太遠啦。」

馬冬東站了起來，臉上的神情一下子變得正經八百地説：

「以前的採珠女和漁民為了生活，不得不冒險出海，據説他們一心只相信天后娘娘的神力能保佑，才能堅持下去。我和許多同學都一樣，其實很想了解一下香港本地的天后故事傳説呢。究竟她的神力是從哪裏而來？為甚麼會這樣深得人心的？」

華港秀說：

「我們不如去問問爺爺吧。」

於是，他們便一起去找華爺爺請教。

華爺爺聽完他們的發問，招手說：

「趁着還有時間，你們都跟我來吧。」

於是，他帶領着大家，走出屋苑，乘上地鐵，到了鑽石山站。

「咦，爺爺，你有沒有搞錯啊？ 我們不是應該到天后廟道去看天后廟的嗎？為甚麼會到這裏來？」

馬冬東問。

「我沒有搞錯，因為這一帶，就是香港天后傳說的發源地。」

華爺爺回答說。

「真的嗎？爺爺，你快告訴我們吧。」

華爺爺一面帶着大家走出地鐵站，一面說：

　　「嗯，你們知道吧，從唐朝開始，由於鄰近的廣州成為海上絲綢之路的重要港口，香港一帶的航運業得以發展，不少貨物經香港一帶，再轉運到沿海地區。」

　　馬冬東說：

　　　　「真想不到，古時候香港也會有航運業的！」

　　華爺爺說：

　　　　「當然了，你們不可不知的，這是香港的光榮歷史。而且到了宋代，香港的航運業更加發達，在九龍灣一帶的海上，還常常有不少商船來

往停泊。」

華港秀兩眼一亮，説：

「九龍灣！那就是我們去九龍灣國際展貿中心看演唱會的地方？」

華爺爺點點頭説：

「正是那個地方對出的海面。那時候，一些福建人也來到九龍一帶開村。根據《林氏族譜》記載，有一個名叫林長勝的人，帶領全家遷到今日黃大仙附近的彭蒲圍，即是數年前被清拆的大磡村。他的家族幾代人都靠行船為生。」

華港傑説：

「他們可以算是最早移居香港的漁民了吧？」

華爺爺説：

「不錯。有一次，林長勝的孫子林松堅、林柏堅開船出海，遇到颱風，船毀貨失，他們二人力挽船篷，緊緊抱着船上祭祀的林氏大姑神主牌，漂浮到東龍洲，才得以安全脫險。他們認為這是神靈保佑，便在東龍洲修建了祭祀林氏大姑的神廟。

林松堅的兒子林道義，後來又在西貢北佛堂修建了一座同類的神廟。裏面供奉的林氏大姑，就是後來人們所稱的天后娘娘了。北佛堂天后廟幾經修建，現在是香港最古老的天后廟，列為香港一級歷史

建築。」

　　華港傑說：

　　「原來是這樣。這個天后的傳說故事，
很有香港的本土特色呢。」

圖說香港大事——
秦漢時期

香港臨海，鹽業在古時候已經有相當發展，成為香港主要的產業之一。

公元前 214 年（秦始皇 33 年），秦始皇派兵 50 萬征服嶺南及百越之地，設郡統治，香港地區納入南海郡番禺縣，成為秦朝領土。

南海郡尉趙佗在秦亡後，起兵兼併桂林郡和象郡，建立南越國，疆域包括香港、澳門、廣東、廣西、越南北部等地。

漢武帝發兵 10 萬南下，於公元前 111 年滅南越國，香港由漢朝統治。

1955 年出土的李鄭屋漢墓，墓磚刻有「番禺大治曆」、「大吉番禺」等字樣。據考古學家推斷，為東漢時期，漢墓主人可能是鹽官，或是避難來港的貴族。

李鄭屋漢墓

偵探
案件4

大嶼山私鹽案

「小心！小心！」

「讓開！讓開！」

馬冬東嘴裏不停地叫着，手裏端着一小盆水，從華港傑和華港秀中間走過去。

「這個乜東東，又要搞乜東東啊？」

華港秀指着馬冬東的背影問。

華港傑笑着搖搖頭說：

「我也不知道，過去看看吧。」

他和華港秀走過去，只見馬冬東把那一盆水放在陽光照射最猛烈的地方，然後站在一旁，全神貫注地看着盆中的水。

「喂，乜東東，你這樣要搞乜東東呢？」

華港傑拍拍他的肩膀問。

「你們知道嗎？這一盆是海水，我現在要試驗試驗，將它製造出鹽來。」

馬冬東煞有介事地說。

「甚麼？你要這樣製造鹽？虧你想得出來！乜東東，這方法真是原始得太荒唐，你可能等到太陽下山也不能成事。」

華港傑說。

華港秀二話不說，伸出手來，就捏住了馬冬東的鼻子。

「哎呀！好痛！秀秀，你做甚麼？還不快放手！」

馬冬東忍不住大叫起來。

華港秀笑着說：

「我也是想試驗試驗一下，看看你鼻尖

上的汗水會不會變成鹽啊！」

說完之後，才放開了手。

然而，馬冬東的叫聲已經驚動了明教授，老人家走出來問：

「冬東，你為甚麼要大喊大叫呢？發生了甚麼緊要的事情嗎？」

馬冬東説：

「沒甚麼，我聽説香港古時候的製鹽業曾經很發達，就想試驗一下，用這一盆海水製鹽。」

明教授這時看到了馬冬東放在太陽底下的那盆海水，笑了起來，説：

「哈，你以為這就是香港古人製鹽的方法嗎？也太簡單了吧。」

華港秀問：

「明教授，您可以給我們講一講，在香港的古時候，人們是怎樣製造鹽的嗎？」

明教授說：

「這可是一個很有意思的題目，我星期天帶你們去走一走、講一講吧。」

這個星期天，明教授果然和華爺爺帶着華港傑、華港秀兩兄妹，與馬冬東一起向尖沙咀進發。

「明教授，香港的製鹽業，是從哪一個朝代興起的？」

華港傑問。

「早在漢朝的時候，香港一帶已經有一定規模的製鹽業。西漢時期，屬於南越國管轄的香港地區，已經設有鹽官，直至南

越國滅亡之後，鹽官的職位還依然保留下來。」

明教授說。

「那時候的香港人，究竟是怎樣製鹽的呢？」

馬冬東問。

「不同的時代，有不同的製鹽方法。」

明教授說。

「漢朝的官府會分發一種叫做牢盆的工具，給香港當地的製鹽戶煮鹽。」

明教授答道。

華港秀聽了，恍然大悟，說：

「啊，原來鹽是煮出來的，不是像乜東東那樣，用盆裝海水來曬成鹽。」

華爺爺說：

「當然不是了，因為要大量製鹽嘛。不過，在唐代的時候，在新界及離島等地，當地人大多數會在海邊築堤壩，造成鹽田，然後引海水入田裏，等太陽蒸曬，又或者在鹽田內放置草蓆，引海水來浸，等太陽曬乾之後，再掃出上面的鹽霜來煎煉。」

華港秀拍手說：

「哈，很聰明！這些都是大量生產鹽的好方法啊！」

明教授又説：

「在三國東吳時期，香港一帶的番禺縣，改屬東官郡，郡內的鹽場統稱為東官場，並且派有鹽官駐守。這種體制，一直延續到唐朝。」

華港傑又問：

「後來到了宋朝，香港製鹽業有了更大

規模的發展，是嗎？」

華爺爺説：

「是啊，因為製鹽來賣，得到的利潤很高。宋朝初年，朝廷曾在九龍灣西北以及西南沿岸，即是現在尖沙咀與茶果嶺之間一帶，設立**官富場**，派出製鹽官，並且駐兵守衛，專門管理鹽場。」

馬冬東説：

「既然製鹽那麼好賺錢，那麼，有沒有人偷偷地自己製鹽來賣的呢？」

明教授説：

「當然有，那叫做私鹽。在大奚山，即是現在的大嶼山地區，就有很多當地居民製造私鹽。」

華爺爺說：

「是的。結果引起了軒然大波。」

明教授繼續說：

「朝廷是嚴禁私鹽販賣的，所以明令打擊大奚山私鹽，並派人前往大嶼山緝捕私鹽販子，引起島上大規模的鹽民起義，史稱大奚山鹽民起義。那裏的起義者，還曾經一度趁着海水潮漲，衝出大奚山和香港，一直打到廣州城下，但後來都被官兵鎮壓了。」

華港秀感慨地說：

「原來這麼平凡的鹽，在以前是性命攸關的大事啊！」

第2期

華港傑主持

香港古今奇案

問答信箱

香港的天后傳說源於何時何地？

　　天后的傳說和信仰，大約在宋代的福建漁民帶來香港，並且在離島率先建廟崇拜。信仰天后的地方包括日本、台灣、香港及東南亞等地區。天后也稱為媽祖。

　　傳說天后姓林，年幼時已經擁有異能，可以預知福禍。每年農曆三月廿三日是天后寶誕，香港各區的天后廟都會舉辦巡遊、舞龍舞獅等慶祝活動。

長洲天后宮

深水埗天后廟

奇案2　香港古代的製鹽業是如何發展起來的？

　　從漢朝的時候開始，香港的製鹽業已經具有相當的規模，一直發展到宋朝的時候，都興旺發達。除了製鹽業之外，香港的石灰製造工業，在唐代也有很大的發展。

　　大奚山即現在的大嶼山盛產私鹽，曾被鹽梟盤據，私鹽買賣活躍，到了宋寧宗慶元三年，即1197年，由於朝廷打擊私鹽販賣，引起動亂，大奚山鹽民起義被鎮壓，香港的鹽業才日漸式微。

奇案3　古時候的香港人是怎樣製鹽的？

你能根據《大嶼山私鹽案》的線索，把古時候香港的製鹽方法填上嗎？

圖說香港大事——
三國、魏晉南北朝時期

外洋航船已開始經過屯門地區，
然後北上廣州進行貿易。

靈渡寺

青山禪院

大嶼山

東晉末年，將軍盧循發起民變，被晉軍
所敗。餘部南逃，相傳曾入大嶼山，成
為傳說中的盧亭魚人。

265 年（三國東吳甘露元年），香港地區屬南海郡博羅縣。
331 年（東晉咸和六年），香港被劃入新設的寶安縣，東莞司鹽校尉監管香港鹽場。

南朝劉宋年間，天竺高僧杯渡禪師南遊，曾居於屯門，留下杯渡岩之遺跡，即現在青山一帶。除了青山禪院與杯渡有淵源外，相傳靈渡寺也是為紀念杯渡而建。

偵探
案件5

杯渡禪師大追蹤

院禪山青

　　這一個星期六，華爺爺的一家人，邀請明教授和他的家人，一起到屋苑附近的酒樓去，飲早茶、吃點心。

　　坐在明教授旁邊的華港傑説：

　　「明教授，最近我的校報專欄信箱，收到了同學提出的問題，是和古時候到過香港的杯渡禪師有關的。對於杯渡法師這一個人的來歷，還有他在香港的活動，我很想向您請教……」

　　一句話還沒有説完，坐在明教授另一邊的馬冬東就大感興趣地説：

　　「哈！杯渡禪師？是這個杯的杯嗎？為甚麼不叫碟渡禪師？」

　　説着，馬冬東還拿起面前的茶杯，敲了敲一隻碟子。

「你胡説甚麼啊？乜東東，杯渡禪師是一個很重要的歷史人物，佛教高僧，香港都有紀念他的山和路呢。」

華港傑不高興自己的話被馬冬東打斷了。

在馬冬東旁邊坐着的華港秀立即拿起一對筷子，捅了捅馬冬東説：

「殊……這碟子這麼淺，裝得了甚麼東西？你還是別作聲，聽人家説吧。」

馬冬東自知不對，伸了伸舌頭，調皮地扮出個表示歉意的鬼臉。

華港秀捂着嘴巴，不出聲地笑了。

「傑仔，你對杯渡禪師的事，又知道多少呢？可以説一説來聽嗎？」

華爺爺説。

「我知道的不多。查了一下資料，據說他是南北朝劉宋時代的佛教僧人，由於他常常乘木杯渡海傳教，所以當時的人就把他稱為杯渡禪師。但是他在香港有過些甚麼活動，留下甚麼事跡和影響，我就不是很清楚了，正要向明教授和您老人家請教呢。」

華港傑說。

明教授聽了，輕輕地笑一笑，說：

「杯渡禪師，確實是一個在香港歷史上很有地位的人物。據我所知，在一本《高僧傳‧卷第十‧神異下‧杯渡八》的書裏面，也有所記載，形容他是有神力的高僧。不過，當時的香港人，也不知道他的真實姓名，只因為他經常以木杯放入江河或大海

中，乘載過渡，四處去傳教，就以此稱他為杯渡法師。他曾經在南京居留很久，又去過冀州，再從孟津下長江，一直去到廣東、廣西和越南，然後再來香港這裏修道、傳教。」

馬冬東聽了，拍手說：

「嘩！一隻木杯走天下，這個和尚好犀利啊！他究竟來過香港甚麼地方修道呢？我很想馬上去看看！」

華爺爺說：

「應該就是在屯門一帶。杯渡禪師曾經在青山那邊的大山岩居住，所以那個山後來定名為**杯渡山**。而他的門徒，就曾經在山岩前面起了一間茅屋，叫做**杯渡庵**。後來的人將它加以擴建，成為青山古寺。直到民國初年，再改建成現在的青山禪院。」

明教授説：

「就是這樣。另外，杯渡禪師曾經住過的靈渡山麓，後來也建立了靈渡寺來紀念。」

華港傑説：

「原來是這樣的。但是，為甚麼杯渡禪師偏偏要到香港的屯門青山來修道呢？」

明教授説：

「嗯，這問題問得很好。那時是南朝，

即公元 420 年至 589 年間，包括宋、齊、梁、陳四朝。那時統治中國的君主，多數都崇尚佛教，因而招引很多人和高僧，從海路乘船來中國，其中有的在屯門居停等候入關，再轉去廣東、廣西及各地。有傳説杯渡禪師就是當時來中國的一個最有名的高僧，他的原籍或者是印度。」

華港秀聽到這裏，失聲叫道：

「啊！杯渡禪師是印度人！他從很遠很遠的地方來中國傳教，不簡單，很艱辛喲！」

華爺爺説：

「這當然是非常了不起的事情！有人見過他在屯門等候上船出海，從此以後，就再未見過他返回中土，他最後的行蹤，一直都是個謎。」

華港傑説：

「他會不會已經從香港屯門坐船返回印度了呢？真有意思，他本身就像是個謎一樣的人物啊！」

馬冬東拿起桌上的碟子，比比劃劃着説：

「嘿！如果這個世界上有時光隧道的話，我就會即刻坐上飛碟去追蹤他！」

華港傑哭笑不得地拍了他的頭一下，説：

「乜東東，你又在講乜東東啊？！」

明教授説：

「冬東，你要小心，快把碟子放下來吧。各位，大家吃得飽了嗎？」

眾人齊聲説：

「吃飽了。」

明教授説：

「那好吧。我現在就要出發，去考察幾個有歷史價值的古廟古寺，包括青山禪院、靈渡寺和凌雲寺等三大古廟。誰有興趣的，都可以跟着我走。」

「我去！我去！我也去！」

華港傑、華港秀、馬冬東即刻舉起手來，爭先恐後地説。

於是，他們都尾隨着明教授而去。

明教授帶領大家乘上西鐵火車，再轉乘輕鐵列車到杯渡站。

華港秀一看見車站的牌子，便禁不住開心地跳了起來，說：

「哎呀，真是想不到，今天的輕鐵也特別設有杯渡站的呢！」

華港傑一本正經地說：

「是啊，這說明香港人至今還是很懷念杯渡禪師在這裏作出的貢獻呀。」

馬冬東立刻雙手合十，口中唸唸有詞：

「南無阿彌陀佛南無阿彌陀佛……」

華港秀被逗樂了，笑嘻嘻地說：

「乜東東，你又在搞乜東東啊？」

馬冬東搖頭晃腦地說：

「我要向杯渡禪師學習，誠心禮佛嘛。」

明教授笑着敲了他的頭一下，説：
「你這調皮的小傻瓜，別以為這是很簡單的事情。還是先跟着我來吧。」

言畢，又帶領大家繼續前行。

一路上青山綠水，風景優美，馬冬東更不時停下腳步拍照。

華港傑讚嘆道：

「屯門這地方，真是很美麗！」

華爺爺説：

「是的，別小看這個地方，在中國的歷史上，還是相當有名的呢。」

馬冬東説：

「真的嗎？我原來一直以為屯

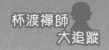
門地區，只是很小的呀。」

明教授説：

「華爺爺講的話，當然是千真萬確的。從古到今，屯門在廣東與東南亞之間的海上交通，就佔有極為重要的地位。最近，還有專家學者把屯門列入海上絲綢之路的一個要點哩。」

華爺爺又説：

「對。你們知道嗎？就連唐代非常有名的大文學家韓愈都曾經寫詩讚頌：**屯門雲雖高，亦映波濤没**。可見屯門是多麼引人注目啊！」

華港傑説：

「這樣看，屯門可以説是地傑人靈了。」

他們説着，走着，就到了青山禪院。

「喲，這座古寺依山而建，看來好雄偉！」

馬冬東抬頭望着石階上的入口，大叫起來。

「嗯，這是香港三大古廟之最，有 1500 年歷史，是首屈一指的呢。」

華港傑説。

「你怎麼知道的？」

華港秀問。

「我上網查過資料，又問過爺爺的。」
華港傑説。

「哦，原來你是預先做了功課的，難怪會
比我們知道得多啦。好啦，我們快上去吧。」
馬冬東迫不及待地説。

於是，他們拾級而上，進入寺內，參
觀了杯渡禪師曾經在裏面修煉的岩洞，洞
中有古樸的杯渡禪師塑像。

接着，他們又到岩洞口，觀看那許多
刻了文字的碑石，其中最為醒目的，是刻
有「高山第一」四個大字的字跡。

明教授告訴大家，這正是唐朝大文豪
韓愈留下的墨寶。

華港傑問：「大名鼎鼎的韓愈，為甚麼
會到屯門這裏來的？」

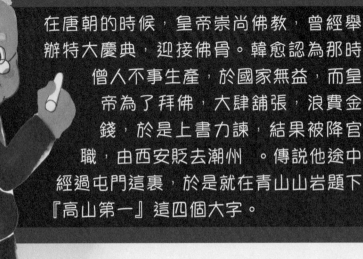

在唐朝的時候，皇帝崇尚佛教，曾經舉辦特大慶典，迎接佛骨。韓愈認為那時僧人不事生產，於國家無益，而皇帝為了拜佛，大肆鋪張，浪費金錢，於是上書力諫，結果被降官職，由西安貶去潮州。傳說他途中經過屯門這裏，於是就在青山山岩題下『高山第一』這四個大字。

「唉呀，這段傳說歷史，聽起來令人覺得有些悲壯呢。」

馬冬東有感而發。

同時，他們看見杯渡岩前還立有「不二法門」的牌坊，以及另有一尊塑像。

「這個是甚麼人物的雕像啊？」

華港秀問。

「這是**達摩禪師**的塑像。傳說達摩坐船來中國，途經屯門等候海關檢查，曾經

信步遊覽過青山寺，並且在這個岩洞中修煉。」

明教授解釋説。

「好厲害啊！」

華港秀説。

參觀完青山禪院，他們又乘車去另一座著名的古廟——靈渡寺，這也是杯渡禪師曾經留下足跡的地方，屬於亦佛亦道的寺觀。

最後，還去了新界錦田八鄉石崗觀音山西北面的凌雲寺，環境相當清幽。

華爺爺告訴大家，這是建於明朝宣德年間的香港三大古刹之一，是香港唯一的女眾叢林佛學院。

第3期

華港傑主持

香港古今奇案

問答信箱

奇案1

韓愈和達摩真的去過屯門嗎？

　　南朝時東南亞有許多僧人到中國傳教，其中最著名的，便是杯渡禪師曾經在屯門的岩洞修煉。相傳達摩禪師也曾經進駐。唐朝的著名文學家韓愈，傳說也曾經在那裏題過「高山第一」四個大字。

　　不過，這些傳說是真是假，現在已無從稽考。

　　關於「高山第一」這四個大字，其實另有一說，有人從《鄧氏族譜》得知，這是北宋進士鄧符協臨摹韓愈書法的石刻，後來這作品年久剝落，後人便再次摹刻，放置在青山禪院內。

奇案2 為甚麼古時候的屯門這麼引人注目？

　　從很早以前開始，屯門已經是一個很重要的地方。

　　唐朝已在屯門設立軍鎮，管轄範圍包括現在的東莞、香港和深圳沿海一帶。「屯門」這個地名有屯兵之門的意思，當時駐有二千名士兵，專門保護海上貿易。

　　自從唐朝開始，海上貿易日漸發達，對象包括波斯、阿拉伯、印度、中南半島及南洋羣島等地，被譽為海上絲綢之路。而屯門地區扼珠江口外交通要衝，大凡外商船艦，必會先經過屯門地區，然後再北上廣州等地進行貿易。

你能根據《杯渡禪師大追蹤》的線索，說出三間香港最古老寺廟嗎？

圖說香港大事——
隋唐、五代十國時期

唐詩曾提及屯門，當時，不只是屯門成為珠江口外海上交通的要衝，香港海岸也成為國防前線。

屯門海面

杯渡山

736 年（唐玄宗開元二十四年），設立屯門軍鎮，以保護海上貿易，管轄地域包括今東莞、香港及深圳沿岸一帶。來自波斯、印度、阿拉伯、南洋等地的商旅，必先集屯門，然後北上廣州貿易。

隋朝至唐代中葉時期，香港地區屬廣州寶安縣管轄。
757 年（唐肅宗至德二年），香港改屬東莞縣管轄。

大埔

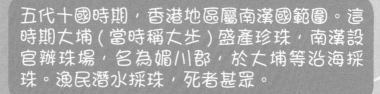

五代十國時期，香港地區屬南漢國範圍。這時期大埔（當時稱大步）盛產珍珠，南漢設官辦珠場，名為媚川郡，於大埔等沿海採珠。漁民潛水採珠，死者甚眾。

相傳南漢時期官方命工匠鑄杯渡禪師像，立於杯渡山杯渡岩內供奉，該像至今仍在。

偵探案件6

宋王與義士

這天晚上，在吃飯的時候，華爺爺接到了一個電話，是他在星加坡的一位老朋友打來的，説星期天將會乘郵輪來香港，希望能與他見一見面，聚一聚舊。

「爺爺，我陪你去吧。回來的時候，也可以順道去看看宋王臺的古跡。」

華港傑説。

「咦，你為甚麼要去看宋王臺的古跡呀？」

華港秀一聽，就問。

「因為我的校報信箱專欄，近來收到不少同學有關宋王來香港的提問，所以我想去看看，重溫一下那段歷史。」

華港傑很認真地説。

「那好啊，我也去！」

華港秀把手舉得高高的嚷道。

「嗯，如果你做完功課的話，可以考慮。」

爺爺說。

「我一定會把功課都做完，再跟你們出去的！就這樣一言為定啦！」

華港秀放下手，握拳擊掌說。

隔天，放學的時候，馬冬東向着華港傑跑過來，氣急地說：

「聽講你們星期天要去宋王臺，我也想去！」

華港傑問：

「你怎麼知道的？」

馬冬東得意洋洋地說：

「我的消息一向都是很靈通的，誰也瞞

不過我的嘛！」

這時，華港傑看見華港秀走過來，指着她說：

「嗬，你說乜東東呀？用不着這樣自賣自誇了，甚麼消息靈通呀，肯定就是她放的風聲啦。」

馬冬東和華港秀對望一眼，二人都咧嘴笑了。

星期天終於到了。

「爺爺，我做完功課啦，隨時可以出發。」

華港秀急不及待地向大家宣佈。

華爺爺看一看手錶，時間差不多了，就與華港傑、華港秀兩兄妹一起整裝出發了。

他們坐車到了啟德郵輪碼頭，接了華爺爺的朋友到岸上的酒店，安頓下來，再高高興興地聊了一會兒。然後，按照約定，去附近的宋王臺石碑前，與馬冬東會合。

這座石碑小而精緻，最引人注目的，自然就是上面刻着的「宋王臺」大字樣。

馬冬東說：

「華爺爺，這塊石頭是為了紀念宋帝而雕刻的，是嗎？」

華港秀說：

「我好像也聽說過 ，但記得不是很清楚，爺爺，你可以再講多一次給我們聽嗎？」

華爺爺笑笑，摸一摸華港秀的頭髮，

說：

「好吧，我再講一下，這次你可要記住了。作為香港人，這是必須了解的一段很重要的中國歷史，知道嗎？」

華港秀點點頭說：

「知道了，我會牢牢記住的。」

華爺爺望着石碑，好像在回望歷史的煙雲，說：

「那是在南宋的末年，蒙古軍隊大舉入侵中國的南方，大約是在 1276 年吧，先後攻佔了建康和臨安。當時宋度宗的長子恭帝㬎被俘虜了，而度宗的另一個兒子益王昰被朝臣文天祥、陸

秀夫等擁立為帝，弟弟昺被封為衛王。而兇
悍的蒙古大軍依舊窮追不放，兩個小末代
皇兄弟被逼逃亡。你們知道，那時候的宋
帝昺有多大年紀嗎？」

馬冬東搶先答道：

「10 歲。」

爺爺說：

「沒有錯，1277 年，宋朝的駙馬都尉楊
鎮和提舉官楊亮節、朝臣文天祥、陸秀夫
等護送兩小皇兄弟，由海路逃到九龍官富
場，即是今天的九龍城附近，在這裏建立
行宮。」

華港秀忍不住問：

「他們逃得掉嗎？」

爺爺說：

「蒙古的軍隊還是緊追不放啊！他們再經淺灣，即今日的荃灣逃亡，途中遇到颱風，端宗在碙州，即現在的大嶼山梅窩地區駕崩。衛王隨即繼位，是為帝昺，逃到新會崖山。結果是怎麼樣？傑仔，你可以說下去嗎？」

華港傑點點頭，接着說：

「1279 年，蒙古元軍猛攻崖山，宋軍大敗，陸秀夫揹着宋帝昺，投海殉國，南宋

滅亡。」

　　華港秀搖搖頭說：

　　「那情景真的很悲傷啊！」

　　馬冬東說：

　　「為了紀念這一段歷史，清朝的時候，香港人建立了宋王臺紀念碑。」

　　華港秀問：

　　「可是我不明白，這裏叫做宋王臺，為甚麼只有這一小塊石碑的呢？」

　　華港傑說：

　　「我查過資料，最早的時候，原本真的是有一個大石台的，就建立在九龍城海邊的小山坡上。雕刻大字的這塊石頭，也非常之巨大，上面可以站立 50 個人。」

　　華港秀說：

「嘩！那麼大！後來發生了甚麼事？為甚麼只剩下這一小塊石頭？」

華爺爺説：

「就是因為日本侵佔香港，要擴建當時的啟德機場，硬把宋王臺炸掉了大部分，只剩下這刻有幾個大字的石頭。」

馬冬東説：

「原來是這樣的，很可惜。」

華爺爺又説：

「另外，南宋的一位官員楊亮節，實際上也是國舅，他負責護送皇帝來香港以後，因為患病，未能隨駕前去新會崖山，就在香港行醫濟世。他逝世之後，居民為了紀念他，就在大嶼山大澳、沙田大圍和九龍城等地，建立侯王廟祀奉。」

香港一古今奇案
問答信箱

奇案1　南宋末代皇帝在港留下甚麼蹤跡？

　　南宋兩位皇帝逃避蒙古軍的追殺，流亡到香港，經過荃灣等地到達大嶼山梅窩。直至帝昰染病，在大嶼山梅窩駕崩，昺繼位，轉移至廣東新會崖山，終不敵蒙古軍的追擊，結果由朝臣陸秀夫揹起投海殉國，南宋滅亡。

　　其實早在北宋時期，香港已和宋朝皇室有淵源。當時香港社會安定，從外地來移居的人士大增，錦田鄧氏家族也遷入。至北宋末年，金人南侵，鄧氏族人鄧元亮在戰亂中救出宋室皇姬，後來許配給他兒子惟汲。

奇案2 宋王臺為甚麼只剩下一塊石刻？

　　南宋末代皇帝曾經在九龍城一帶建立行宮。後人為了紀念宋室皇帝，於是在附近的大石上刻字紀念，這石便是宋王臺。

　　到了第二次大戰時期，香港淪陷，日軍為了擴建啟德機場，把宋王臺炸去，剩下的，便是現在所見的宋王臺了。

今日所見的宋王臺，是第二次大戰之後從殘石切割出來的。

位於荃灣的曹公潭也和末代宋帝有很深的源淵啊！你可以自己查出這歷史故事嗎？

_____

_____

（答案可在**圖說香港大事──宋朝時期**找到。）

圖說香港大事——
宋朝時期 I

宋朝中原人士開始大批南下定居香港，2014 年在土瓜灣附近發現多個宋朝古井，證明當時社會發展已有相當規模。

錦田

北宋時期，香港沿海地域盛產海鹽，設有兩個官鹽場，分別是九龍的官富鹽場和大嶼山（宋朝稱大奚山）的海南鹽柵。

大嶼山海南鹽柵

1197 年（南宋寧宗慶元三年），官府在大嶼山緝辦私鹽，引起大嶼山鹽民反抗，三百摧鋒水軍前往鎮壓，其後駐守大嶼山，後移師官富場。

江西鄧符協於 1069 年（宋神宗熙寧二年）高中進士，其後定居錦田（古稱岑田），並在錦田雞公嶺創辦力瀛書院，是香港歷史上最早記載的書院，可惜書院的遺址已不可考。

1200 年（南宋寧宗慶元六年），西貢佛堂門成為重要的水上交通要衝，設有稅站，向船貨徵稅。

九龍官富鹽場

佛堂門

圖說香港大事──
宋朝時期II

南宋末年，宋端宗等人逃難至香港，曾避居荃灣一帶。當中一名曹姓的大臣在橫過水潭時不慎滑倒溺斃，後人為了紀念他，便將該潭命名為曹公潭。

1274年（南宋度宗咸淳十年），官富場鹽官嚴益彰，在北佛堂門作石刻，以記載佛堂門天后古廟的歷史。佛堂門天后廟是香港最古老的天后古廟，於公元1266年（咸淳二年）由林道義建造。

林松堅、林柏堅遇到海難，二人漂浮到東龍洲才得以安全脫險。他們便在東龍洲修建了祭祀天后娘娘的神廟。

公潭

宋末元初之時，九龍城侯王廟僅為一座茅屋，據說紀念南宋忠臣楊亮節。

侯王廟

1276 年（南宋景炎元年），元軍攻陷臨安。宋帝昰南逃九龍官富場（九龍城）避難，建立行宮，其後病逝，宋帝昺繼位。相傳宋帝曾在九龍城的山崗上逗留，後人為紀念此事，在巨岩刻上「宋王臺」三字。

佛堂門

東龍洲

大戰佛郎機人

這個星期六，陽光燦爛，雲淡風輕，天氣非常好。

　　好的天氣，自然有好的事情。明啟思教授的一班舊學生，邀請他和家人出海遊船河，明教授應馬冬東的請求，把華港傑、華港秀兩兄妹也帶上了。

　　他們乘坐的遊船，乘風破浪，一直開到了屯門區域的蝴蝶灣海灘附近，才停泊下來，讓大家下海戲水、游泳。

　　「哈哈！這裏的景色很優美，真是百看也不會厭的呢！」

　　華港傑望着山清水秀的海灣，由衷地讚嘆。

　　「啾！啾！啾！」

　　「啪！啪！啪！」

華港秀和馬冬東跳入海中，互相擊濺起一片片晶瑩的水花，潑向對方。

　　「喂！喂！喂！你們在做甚麼？」

　　華港傑問。

　　馬冬東笑嘻嘻地說：

　　「我在和秀秀打水仗啊！你要不要也參加？」

　　華港傑不以為然地說：

　　「很幼稚嘛！這都是小孩子的玩意啦，我不要參加！」

　　「嗯，你們都還是孩子嘛，當遊戲玩玩也無妨。」明教授站在一旁笑笑說：「不過，你們也應該知道，在這一帶，歷史上還真的發生過海戰呢。」

　　明教授又補充說。

「真的嗎？」

華港秀停止擊水，十分好奇地問。

「公公，你快給我們講一下吧。」

馬冬東興致勃勃地説。

「那是在明代的時候。香港地區因為未受過戰火的摧殘，漁農業發達，人民生活基本安定。而那個時期的國際形勢，已經和唐代有很大的變化，阿拉伯人已經失去了海上霸主的優勢，取而代之的是歐洲國家的海外貿易活動興起。」

明教授説。

「據説那時候的葡萄牙人很厲害，是真的嗎？」

華港傑問。

「是啊。相信你也看到過那一段歷史的

有關資料。葡萄牙人那時稱為**佛郎機人**，他們的許多商船，繞過非洲南端東來，帶備了火器、大炮，那些炮，就是所謂的**佛郎機炮**了。」

明教授說到這裏，馬冬東即時大感興趣，問：

「啊哈！佛郎機炮？這名字聽起來好像怪怪的，那是怎麼樣的大炮？」

明教授說：

「那時候葡萄牙人造的大炮，是有炮嘴的一種，裝上彈藥，可以噴出鐵砂火焰。」

華港秀說：

「啊！那也很有殺傷力的呀！」

明教授說：

「就是這樣，在 16 世紀初，葡萄牙人

佔據了馬來西亞、星加坡等地。他們又沿海北上，抵達香港沿岸，佔據了屯門一帶的沿海地區，還築起堡壘、路障、戰壕，設刑場、課稅、造火銃、建立他們的軍營。」

馬冬東忍不住罵：

「豈有此理！他們憑甚麼賴死在香港，為所欲為的？」

明教授接着説：

「葡萄牙人強佔屯門，為非作歹，引起了當地官民的憤怒。」

華港傑説：

「當時朝廷就應該採取最強硬的措施，對付這些葡萄牙強盜。」

明教授説：

「是的。那時朝廷派出廣東的海道汪鋐

督師，駐守在屯門灣一帶。」

　　華港秀問：

　　「海道？那是怎麼一回事？」

　　其實就是在海上巡邏。香港水域受天氣變化的影響，每年5月至8月間，颱風來臨，船艦便不能停留在海上。12月至翌年的1、2月之間，都會刮起北風，風高浪急，船艦亦難停留過久。所以廣東沿岸的水師，稱為巡海水師，規定每一年巡海兩次。

　　馬冬東問：

　　「那麼，屯門是在甚麼時候發生水戰的

呢？」

明教授説：

「那是在武宗正德十六年，即是 1521 年，汪鋐下命令出師，在屯門一帶海域同葡萄牙人開戰。」

華港傑問：

「那場海戰是怎麼打的？」

明教授説：

「汪鋐很聰明，他下令用破舊的木船，裝滿乾柴枯草，再淋上油脂油膏，趁着東南風起，放火燒船，再衝向葡萄牙人的船艦。因為葡萄牙人的船艦很大，不容易動，結果被明軍的火船包圍，大多數都被燒毀了，葡萄牙人大敗而逃。」

「好啊！汪鋐很了不起！贏得真漂亮！」

華港傑、華港秀和馬冬東，都興奮地拍起手來。

　　明教授說：

　　「葡萄牙人敗走，香港回復了安定。這一場海戰在《明史》上也有記載的。當時繳獲的**佛郎機炮**，就作為參考的樣版，中國後來也造出了自己的大炮。」

　　馬冬東興奮得一跳而起，作出發炮的姿勢，向着華港秀說：

　　「秀秀，你就

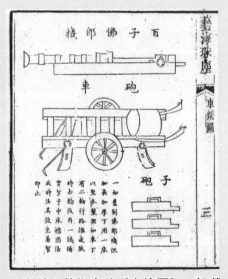

明朝趙士楨撰寫的《車銃圖》，記載了佛郎機炮的繪圖。

扮一下葡萄牙人，立即投降，然後滾出屯門灣吧！」

華港秀不依，怒目圓睜地向馬冬東撥起海浪花，反擊着說：

「不！你才是使用佛郎機炮的佛郎機人。快！快！繳炮不殺，你投降吧！」

大家都「哈哈哈」地大笑起來。

香港古今奇案

問答信箱

奇案1 香港在古代已有海上貿易嗎？

　　自秦漢以來，廣州已經成為中外海上貿易的中心，而香港扼守着通粵的海道，是外商入境的必經之道。至唐朝的時候，更設立屯門鎮，並且派兵駐守。到了明朝，世界航運業發達，中外貿易更加繁榮。

　　在海上航行的中國商船，船頭通常漆上一對大眼睛，以示時刻觀察周圍環境，令船隻可以安全順利地航行。船身以鐵力木製成，相當堅硬，一般可載重五六百噸。從唐朝至清朝，這種中國商船往來於日本、福建、廣東和阿拉伯等地，進行貿易。

你能根據以上線索，在空白地方畫出途經香港的古代中國商船的樣子嗎？

圖說香港大事——明朝時期

明朝時期香港為東南亞貿易的主要航道。1974年興建萬宜水庫時，便在海床發現明朝古船殘駭、眾多瓷器及東南亞古錢幣。

錦田

凌雲

葡萄牙人（佛郎機人）佔據屯門沿海地區，1521年，明朝水師初時受制於葡萄牙戰船上的佛郎機炮，明軍便以數十隻小舟火攻葡萄牙戰船，又派人潛入水下將未起火的葡萄牙船隻鑿穿，成功驅逐葡萄牙人。

明朝中葉以後，於香港佛堂門、大澳兩處汛地駐軍二百餘名，加強防衛。明、清時軍隊駐守的地方稱為汛地。

大澳

1587 年（萬曆十五年），新安縣大旱，新界岑田地區鄧氏捐穀二千石賑饑，備受官方褒獎，該地區獲錦田之名。

明朝宣德年間，錦田鄧氏初建凌雲寺，是為香港三大古剎之一。

明朝軍事志書《蒼梧總督軍門志》中的記載有「九龍」一名。
《粵大記》的（有指是清本所附，非明朝之物），記載有香港（指香港仔一帶）、青衣島、赤柱、筲箕灣、尖沙嘴等地名。

佛堂門

香港邊界令

這個星期天，華港傑、華港秀，還有馬冬東，跟着華爺爺到新界的錦田遊覽，參觀有名的景點樹屋。

「哎吔吔，這棵榕樹真厲害，看看它多霸道！簡直就要把這一間老石屋硬生生吃掉了！真是不見不知道，一見嚇一跳！」

馬冬東望着眼前的奇怪景象，放聲叫了起來。

這時，站在他兩旁的，是華港傑、華港秀兩兄妹，還有他們的爺爺。

「誰説不是哩！乜東東，你猜猜看，這一棵榕樹有多老呢？它全身上下都是鬍鬚，老根盤錯的呢！」

華港秀一邊做手勢，一邊向馬冬東發問。

「我猜，至少也是一百多歲了吧。」

馬冬東盯住那棵榕樹，深吸一口氣說。

「我查過資料，它已經有一百五十多歲樹齡。」

華港傑說。

「你們要知道，這一間老石屋，要比這一棵榕樹老兩倍也不止呢。」

華爺爺說。

「真的嗎？爺爺，這一間老石屋究竟有多老呢？」

華港秀急忙追問。

爺爺舉起手上的四隻手指說：

「告訴你們吧，這一間老石屋有四百多歲了，它曾經見證了新界一段非常慘痛的歷史——就是清朝初年的遷海遷界。」

馬冬東説：

「遷海遷界？那是乜東東啊？天界還是地界？為甚麼要遷？難道要玩大轉移嗎？」

華港傑伸出手拍拍他的腦袋，説：

「乜東東，你在胡説乜東東啊？爺爺講的是新界曾經發生的慘痛歷史，這可是不能亂開玩笑的！」

華港秀聽到，神情也變得嚴肅起來，説：

「就是呀，乜東東別亂講亂打岔，還是好好的聽爺爺講歷史的真相吧。」

馬冬東伸伸舌頭，不再作聲，安靜下來。

華港傑説：

「爺爺，那段歷史的詳細情形是怎麼樣

的？我們都想聽一聽，請你慢慢地説吧。」

華爺爺説：

「好，我這就説了，你們都要好好地記住。在歷史上，清朝對香港的遷界令，先後進行了三次，分別是在 1655 年、1662 年和 1664 年。那時期，清朝當局將領土沿海 30－50 里劃地為界 ，強令當地居民搬家內遷，並且拆毀他們的房屋，禁止所有人開船出海，令沿海 30－50 里之內的地區，變成一個無人區。」

馬冬東抓抓頭皮，眨眨眼睛，問：

「這政策真奇怪，為甚麼要這樣做？」

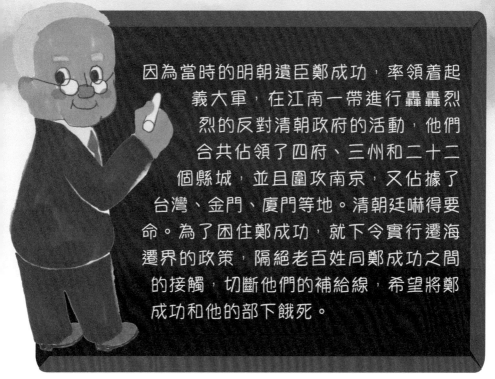

因為當時的明朝遺臣鄭成功，率領着起義大軍，在江南一帶進行轟轟烈烈的反對清朝政府的活動，他們合共佔領了四府、三州和二十二個縣城，並且圍攻南京，又佔據了台灣、金門、廈門等地。清朝廷嚇得要命。為了困住鄭成功，就下令實行遷海遷界的政策，隔絕老百姓同鄭成功之間的接觸，切斷他們的補給線，希望將鄭成功和他的部下餓死。

華港傑疑惑地問：

「執行這樣的遷海遷界政策，真的就可以困得住鄭成功嗎？其實是會令到更多的老百姓受影響和傷害吧？」

華爺爺説：

「嗯，實情就是遷海遷界令頒發下去以

後，香港遷界的真正起點，並不是由港島的最南方向內遷入 50 里，而是從沙頭角至新田起開始內遷。因此，對大部分居住在沙頭角以南的香港人來說，內遷的範圍實際上就不止 50 里了，而是等於驅逐香港原居民走上一條超級遙遠的長征路，不少人因此而流離失所。」

華港秀兩眼發紅地說：

「竟然有這麼慘無人道的事情！」

華港傑也忿忿不平地說：

「就是啊，清朝政權，真是不顧香港人民的死活。爺爺，這間石屋的主人，也是被遷界令迫得離鄉別井，遠走他方的吧？」

華爺爺說：

「正是這樣。要知道，清朝的遷海遷

界政策，來得太快太急，簡直就是冷酷無情。當局限期三日之內 ，要香港在指定範圍之內的居民，一律舉家遷移到界外，否則就會被判決死刑。」

華港傑説：

「不肯離開家園的就要被判決死刑，太不講道理了！」

華爺爺繼續説：

「但事實上，大部分的居民都未獲官府預先通知，當軍差來到的時候，才有如晴天霹靂，倉惶離開，而且很多人從此一去不能回頭。這一間石屋的主人，也難逃厄運。經過風雨年月的洗禮，大榕樹終於蠶食了這一座四百多年的清代房屋。還有許多香港的農民，因遷界被迫離開農地，無

以為生，在流亡途中用盡錢財，只好賣妻賣子，或者全家服毒，走上絕路。」

馬冬東眉毛緊皺着說：

「這段遷海遷界的歷史，實在是太悲慘了！不過，清朝統治者的手段再殘酷，最終也餓不死、打不敗鄭成功吧？」

華爺爺說：

「是啊，民心所向，不是實施高壓統治就能屈服的。遷海遷界除了造成百姓死傷無數之外，反而令民眾反清抗清的情緒大幅上升。」

華港傑說：

「這真是很諷刺啊！爺爺，後來香港有沒有復界呢？」

華爺爺說：

「有的。這是因為一個叫做王來任的
廣東巡撫，曾經上書朝廷廢除遷界令，但
初時就不能得到重視。三年之後，他患了
重病，還被革職處分。就在生命的盡頭，
他還再次上書朝廷，說出了很多人不敢說
的話，就去世了。而他寫的**遺疏**就變成了
死諫，送到皇帝的手上，打動了清朝統治
者，終於在 1669 年下令復界。」

華港傑說：

「真不容易，這一位王來任總算是為老
百姓做了一件大好事。」

華爺爺說：

「香港的老百姓能夠回到原居地，都十
分感激他，在上水石湖墟設**巡撫衙**來紀念
他。後來，還舉行了每十年一度的太平清

117

醮，對他表示感
恩。」

馬冬東問：

「太平清醮？
我好像也有聽説過，
但不知道那究竟是甚
麼來的。」

爺爺説：

「下星期我們再去參觀錦田鄉打醮的主
場地——周王二公書院吧。冬東，把你的公
公明教授也請出來，到時我們再慢慢看、
慢慢説。」

過了一個星期之後，大家按照約定，
來到了新界的錦田鄉，參觀周王二公書院。

這是一間古樸的建築，前面還有一片

很大的場地。

「之乎者也，之乎者也……」

華港秀煞有介事地面對牆壁，口中不停地唸唸有詞。

「喂，秀秀，你這樣做是要扮演甚麼角色啊？」

華港傑向着她的背脊問。

「我知道啊！她在扮古時候的書生，面壁背書。好啦，讓我來扮卜卜齋的老先生，敲敲你的頭啦。」

馬冬東說着就舉手要敲打華港秀的頭，但華港秀馬上回過頭來瞪大眼睛說：

「你敢……」

華港傑急忙制止他們：

「停！你們不要隨便玩鬧了！這裏是個

莊嚴之地，怎麼可以發出噪音！我們還要
請爺爺介紹一下有關的歷史。」

華爺爺説：

「嗯，我們上次不是介紹過香港曾經有
遷海遷界的慘痛歷史嗎？」

華港傑、華港秀和馬冬東一齊回答：

「是，記得的。」

華爺爺又説：

「後來，得以復界，讓香港人回到原來
的居住地，是全靠當時兩位官員的努力。
其中一位是廣東巡撫王來任，而另外一
位，就是兩廣總督周有德。為了感恩，錦
田村的鄉民就建立了這間周王二公書院來
紀念他們。」

華港傑説：

「這是很有歷史意義的建築，究竟是在哪一年建成的呢？」

明教授説：

「根據記錄，是在康熙二十四年，即是1685 年建成。一來是為了紀念周王二人的恩德，二來是為了教育自己的子弟。本地居民建成書院以後，還在前面的場地搭建戲台，演戲酬神，舉行打醮。從此以後，每十年一次，舉辦太平清醮，成為慣例。」

馬冬東説：

「太平清醮？這其實是甚麼樣的活動呢？」

華爺爺説：

「太平清醮，又叫做清醮、打醮、祈安清醮，是中國傳統道教的一個儀式，也是

一種民間習俗，而且各地都會有不同的形式和不同的時間舉行。錦田鄉這裏十年一度舉行的太平清醮儀式，目的是為了超渡遷界遷海的亡魂，祈求平安。」

華港傑說：

「香港的其他地方也有舉行太平清醮吧，比如長洲，就好比是節日那樣熱鬧，很多人都會專門坐船過去看的。」

華港秀興奮地一拍手說：

「這個我也知道！長洲那邊每年都會有精彩的飄色巡遊和刺激的搶包山，電視上都有播放的！」

馬冬東也情緒高漲地叫道：

「是啦！是啦！我都想起來了，長洲年年都有的！難怪太平清醮這個名詞，聽起

來並不覺得陌生的呢。現在我終

於可以搞清楚了。」

華港秀乘機敲了他的頭一

下，說：

「你這個腦袋，是不是太遲、遲——鈍

了一些啊！」

二人又嘻嘻哈哈地笑了起來。

明教授說：

「要知道，長洲的太平清醮，已經被列

入中國國家級非物質文化遺產名錄，馳名

中外了。」

華港傑又問：

「那麼，長洲舉辦的太平清醮，是為了

紀念甚麼人、甚麼事的呢？」

長洲

華爺爺説：

「傳説在清朝的時候，長洲曾經發生嚴重的瘟疫，很多村民患病死亡。人們紛紛到北帝廟祈福，得到北帝指示，設壇祭拜，超度亡靈，瘟疫果然漸漸消失了。從此以後，當地人便每年舉行太平清醮，祈福求平安。」

華港秀説：

「原來是這樣的。我最鍾意看的飄色，那些小朋友為甚麼可以在空中漂浮的呢？」

明教授说：

「其實他們是被安排坐在一個用鋼筋特別製造的鋼架上，扮演一些歷史人物或政府人物。」

馬冬東説：

「很有創意啊！我就最喜歡看搶包山比賽，吃大大個、甜蜜蜜的平安大包啦！」

香港 古今奇案

問 答 信 箱

奇案1 香港曾經實施過的遷海遷界令，是在哪些年代進行的？

　　那是在清朝初年進行的，曾經有過三次的遷界，分別是在 1655 年、1662 年和 1664 年。目的是要打擊鄭成功的反清行動。

　　遷界 50 里，限時三天進行，令大量原居民倉惶出走，家散人亡。雖然清廷在 1669 年下令復界，但居民多已客死異鄉，香港不少傳統行業無法維持。

　　大嶼山的居民，要等到 1683 年以後，才可以重新返回故地居住，被迫遷移長達 20 年之久。

奇案2　太平清醮是怎麼一回事？

　　太平清醮是中國傳統道教的儀式，也是一種民間習俗，而且各地都會有不同的形式和不同的時間舉行。例如錦田鄉十年一度舉行的太平清醮儀式，目的是為了超渡遷界遷海的亡魂，祈求平安。

　　新界錦田鄉除了打醮，每年農曆五月十九日還有賀周王二公誕，拜祭這兩位恩人。

如果你有份參與飄色巡遊，想要扮演甚麼人物呢？在空白地方畫出你自己設計的飄色人物吧！

偵探
案件9

通緝海盜王

這個星期天的上午，渡輪剛剛停泊在長洲碼頭，船上的工作人員放下閘板，馬冬東即刻一個箭步衝了過去，興奮地叫着：

　　「長洲呀長洲！我終於來到了！」

　　華港秀也不甘落後，即時戴起一副墨黑的太陽眼鏡，一手作出拿槍的姿勢，向着馬冬東下令道：

　　「不准亂說亂動！馬上把你所有的財物交出來！」

　　馬冬東瞪大眼睛問：

　　「秀秀，你瘋了嗎？這是做甚麼？」

　　華港秀神氣地拍拍胸膛，高聲說：

　　「我是大名鼎鼎的海盜張保仔，你少囉嗦，究竟是要財還是要命？」

　　馬冬東一聽，「噗哧」地笑了，說：

「就憑你，一個小女生，有甚麼資格扮大盜張保仔？要扮也得讓我來，根本輪不到你，快一邊乘涼去。」

馬冬東説着，一手把華港秀推開了。

「你……」

華港秀咬咬嘴唇，既生氣，又無奈。

華港傑走上前對她説：

「算了吧，秀秀。如果你真要玩長洲人物角色扮演的話，其實可以試試扮鄭一嫂啦。」

華港秀眨眨眼睛，有些摸不着頭腦地問：

「鄭一嫂？誰是鄭一嫂？那到底是甚麼人？」

華港傑説：

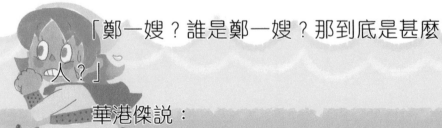

「你可以問問爺爺啦。」

這時，華爺爺正邁步走過來，華港秀立刻拉着他問：

「爺爺，你可以講一講鄭一嫂的事給我聽嗎？」

華爺爺向走在他身邊的明教授交換一下眼色說：

「看這孩子，興趣多多，可是對我們香港的歷史，還是缺乏全面的了解啊。」

明教授說：

「是啊，既然來到長洲，你就給她實地補上這一課，今天是大好機會的啦。」

華爺爺說：

「嗯，我們今天是來對地方了。秀秀，你既然知道張保仔是長洲有名的大海盜，

那麼，就不可不知道鄭一嫂的故事了。」

華港秀問：

「為甚麼？鄭一嫂這個人是很重要的嗎？」

爺爺説：

「當然了，因為張保仔之所以成為海盜，就和她有很大的關係。」

華港秀問：

「真的嗎？」

華港傑在旁忍不住説：

「你的問題真多，還是好好地聽爺爺説嘛。」

華爺爺一邊走，一邊説：

「來吧，我們一起走去這裏的張保仔洞，就從鄭一嫂的身世講起吧。你們不是

都知道明朝末年的大臣，帶頭抗清起義的鄭成功的嗎？」

馬冬東說：

「是，我們知道的，鄭成功率領的部隊很強大，曾經佔領了台灣的。」

明教授說：

「不錯。鄭成功屬下的一個部將，名叫鄭建，錯失了時機，未能追隨鄭成功去台灣，結果輾轉來到香港的大鵬灣，成為橫行一方的海盜。他的孫子鄭七和鄭一，也繼承他的海上霸業，做了海盜。他們的勢力愈來愈大，發展為所謂的**五色幫**，就是用黑、紅、藍、黃、青等不同顏色的旗幟，劃分不同幫派

的活動範圍。而鄭一是紅色幫的頭目，勢力最大。」

華爺爺説：

「是的。鄭一的妻子，人稱鄭一嫂，原名石香姑，又叫石秀姑，原來是廣東省新會縣的漁家女子。相傳鄭一與她在廣州灣南部的東海村結婚。他們結婚之後，鄭一嫂就跟隨丈夫來香港做海盜，協助打理紅旗幫的事務。據説她曾經習武，而且足智多謀，是海盜中少有的文武雙全人才。」

華港秀説：

「原來鄭一嫂是個海盜的女中豪傑，她好厲害啊！」

華港傑説：

「你別打岔，鄭一嫂更厲害的一面還在後頭哩！爺爺，請你繼續講下去吧。」

華爺爺接着説：

「大約是在嘉慶十二年，即是 1807 年吧，鄭一旗下的海盜船，那時候都停泊在香港鯉魚門海域，大大小小的有六百艘之多，規模之大，超過了那時所有的西洋海盜幫。但是那一年，鄭一在一次海上搶掠活動中，遇上了強烈的颱風，沉船墮海，遇溺死亡，年僅 42 歲。」

馬冬東説：

「呀，這麼年輕，那鄭一嫂怎麼辦？」

華爺爺説：

「鄭一嫂是個堅強的女人，她挺身而出，要統領紅旗幫的全軍人馬，掌管那六百多艘海盜船。但是，原來幫內鄭一的部下，各個不同級別的頭目們，都對掌管全個幫派的大權虎視眈眈，無一不希望趁着羣龍無首之際，擴大自身的勢力，甚至企圖取代鄭一嫂的地位。」

華港秀驚問：

「那她一個女人在這樣的處境之下，不是很危險的嗎？她怎麼辦呢？」

華爺爺説：

「你們大家熟悉的張保仔，就是在這樣的情況下出場的。原來，他是一個漁民的孩子，從小就跟隨父輩出海打魚。在他15歲的時候，有一次，他們被鄭一的手下

擄掠，沒收了漁船等謀生用具，被迫當了

海盜。由於張保仔長得相貌堂堂，又機靈

過人，所以深得鄭一的喜愛，就收他為義

子。」

華港秀恍然大悟說：

「啊！原來張保仔是鄭一嫂的義子。」

華爺爺繼續說：

「沒錯！正當鄭一嫂正為下屬鬧分裂而

憂慮煩惱的時候，聰敏機靈的張保仔，及

時地為義母出謀獻策，結果母子二人都得

到眾海盜的擁護。就這樣，在鄭一嫂的扶

持下，張保仔終於成為香港海盜紅幫的首

領。」

馬冬東問：

「那時候，張保仔的年紀有多大呢？」

華爺爺説：

「相傳是 21 歲。他和鄭一嫂合力領導紅幫海盜集團，令他們的海上霸業發展非常迅猛。在全盛的時期，據説擁有一千多艘船，海盜人數以十萬計，專門搶劫官船、糧船與外國的商船，活躍在廣東沿海及珠江三角洲。而他們的基地就在香港，紮營於大嶼山、西營盤以及銅鑼灣一帶。」

華港秀走着，聽得跳起了來，叫道：

「哇！千船十萬人，好大的勢力啊，真不得了！」

明教授在旁提醒道：

「秀秀小妹妹，我們正在走上山的路，你要小心，不要這麼跑跑跳跳的，以免跌倒呢。」

華港秀笑着伸出舌頭，説：

「遵令！小的不敢了！」

説着，便放慢了腳步：

「明教授公公，其實張保仔和鄭一嫂的故事，究竟是屬於民間傳説，還是真的有這樣的歷史人物呢？」

華港傑邊走邊問。

明教授説：

「多少年來，很多人都提出了這樣的疑問。當然，關於海盜張保仔和鄭一嫂，歷來的傳聞有很多，其中有真的，也有假的。不過，根據一些清代的官方文獻、中外專家的論著，對於他們的人和事，還是多多少少有不同程度的記載。」

他們説着，走到了一個天然的石洞前。

華爺爺指着石洞的入口説：

「你們都可以看看這裏，就是人們傳説中的張保仔洞了。據説當年張保仔把掠奪得來的金銀珠寶藏在裏面。原來還説有五個的，分別是在長洲、南丫島、赤洲、交椅洲和香港島，但我們現在能看得到的，就只有這一個了。」

明教授説：

「是的，張保仔和鄭一嫂的所謂海盜事跡，也曾經馳名海外。有一個名叫格拉斯普爾（Glasspoole）的英國富商，被張保仔的紅幫綁架，據説親眼目睹了香港海盜的日常生活，感覺刺激。他准以 7654 枚西班牙銀元贖命以後，返回倫敦，寫下了一本獨一無二的回憶錄，將自己的親身經歷

和鄭一嫂、張保仔的逸事公諸於世。」

馬冬東說：

「那不是很有趣嗎？他們還有甚麼顯赫
的故事啊？」

明教授說：

「根據格拉斯普爾所寫的書中描述，鄭
一嫂、張保仔統領的紅幫海盜，當年擁有
自己的營盤、還有自己的造船廠。而他們
所使用的武器，都是用各種途徑弄到手的
洋槍洋炮。1809 年還痛擊了廣州內河的英
國船，俘獲了一隻英國船艦。」

華港秀和馬冬東一起鼓掌歡呼：

「好威猛啊！」

華港傑問：

「那鄭一嫂和張保仔後來怎麼樣了？」

華爺爺說：

「為了消滅海盜，清朝政府分別與英國、葡萄牙一起組成了聯合艦隊，進行海上掃蕩，但是都屢戰屢敗。後來改為採取懷柔政策，向海盜招安。結果黑旗幫海盜投降，削弱了鄭一嫂和張保仔的力量，清朝當局乘機把張保仔趕回大嶼山。1810年，張保仔見大勢已去，唯有接受招安，出任澎湖副將，但很快的，就在1822年死於任上，終年36歲。鄭一嫂就到澳門、廣州等地定居，最後下落不明。」

通緝
海盜王

第7期

華港傑 主持

香港古今奇案

問答信箱

奇案1

張保仔和鄭一嫂是真有其人嗎？

關於張保仔和鄭一嫂的傳說，不少都有記載在清代的文獻裏，例如道光年間編撰的《靖海氛記》和《新會縣志》都有粵匪張保仔的記載。雖然年代久遠，已很難查證這些記載的事跡是否屬實，但至少可以相信二人是真實人物。

這插圖原刊於 1836 年的外國著作《全球海盜史》，圖中女性是外國畫家所想象的鄭一嫂。

你能運用自己的想象力，畫出鄭一嫂和張保仔的海盜造型嗎？請在空白的地方畫出來吧！

圖說香港大事——
清朝初期至鴉片戰爭前 1

歐洲各國東來，香港位處海路要津，成為外國覬覦之物，加海盜為患，香港各處均增設炮台以加強防衛。

1647 年，東莞人李萬榮帶兵反抗清朝，佔據葵涌、鯉魚門、沙田以西等地。傳說城門谷就因為李萬榮曾經在此地築城防守而得名。

1661 年 (康熙元年)，清廷頒佈「遷海令」，廣東、福建、浙江、江蘇、山東和河北沿海一帶厲行無人地帶政策，以杜絕對鄭成功的補給。香港居民被逼內遷，結果十室九空，土地荒蕪，客死異鄉無數。

Street
街

1669 年（康熙八年），兩廣總督周有德、廣東巡撫王來任多年來屢次上書，力陳遷海之禍，終於說服朝廷下令復界，內遷之民回到原居地。上水石湖墟的巡撫街為紀念二人而命名。

1684 年（康熙廿三年），錦田居民倡議建立周王二公書院。1685 年（康熙廿四年）周王二公書院建成，並搭戲台酬神，舉行打醮，自此以後每十年一屆建醮，習俗一直沿襲至今。

門谷

侯王廟

1730 年（雍正八年），重建九龍城侯王廟，以紀念宋末忠臣楊亮節。

圖說香港大事——
清朝初期至鴉片戰爭前 II

18 世紀加勒比海的海盜黃金時期褪色後，南中國海的海盜繼之崛起，據估計，19 世紀時的香港海盜人數超過十五萬之眾。

1810 年（嘉慶十五年），張保仔海盜團與清朝、葡萄牙聯軍在大嶼山海面大戰。同年，鄭一嫂、張保仔接受招安。

東涌炮台

為了加強香港本地的防衛，清朝初期，在佛門堂、大嶼山建立炮台。清朝中葉，經過海盜之亂，增設東涌寨城、石獅炮台和遷建九龍炮台。

在中英爆發鴉片戰爭之前，又增設尖沙咀炮台及官涌（今佐敦）炮台。

尖沙咀

佛門堂

奇趣香港史探案 1
古代時期

編著	周蜜蜜
插畫	009
責任編輯	蔡志浩
裝幀設計	明 志 無 言
排版	時 潔 盤琳琳
印務	劉漢舉

出版　中華書局（香港）有限公司
　　　香港北角英皇道 499 號北角工業大廈 1 樓 B
　　　電話：（852）2137 2338　傳真：（852）2713 8202
　　　電子郵件：info@chunghwabook.com.hk
　　　網址：www.chunghwabook.com.hk

發行　香港聯合書刊物流有限公司
　　　香港新界荃灣德士古道 220-248 號荃灣工業中心 16 樓
　　　電話：（852）2150 2100　傳真：（852）2407 3062
　　　電子郵件：info@suplogistics.com.hk

印刷　迦南印刷有限公司
　　　香港葵涌大連排道 172-180 號金龍工業中心第三期 14 樓 H 室

版次　2016 年 7 月初版
　　　2022 年 3 月第 2 次印刷
　　　© 2016 2022 中華書局（香港）有限公司

規格　16 開（200mm x 152mm）

國際書號　978-988-8420-08-7